Sitzungsberichte

der

Heidelberger Akademie der Wissenschaften

Stiftung Heinrich Lanz

Mathematisch-naturwissenschaftliche Klasse

*) *Jahrgang 1921 erschien im Verlage von Carl Winters Universitätsbuchhandlung in Heidelberg.*

Im Verlag von Walter de Gruyter & Co. vormals G. J. Göschen'sche Verlagshandlung — J. Guttentag, Verlagsbuchhandlung — Georg Reimer — Karl J. Trübner — Veit & Comp., Berlin erschienen:

Abteilung A. Mathematisch-physikalische Wissenschaften.

Jahrgang 1922.

1. Perron, Oskar. Neue Summationsmethoden und Entwicklungen nach Polynomen. Reichsmark 0·30
2. Perron, Oskar. Über transzendente Funktionen auf Riemannschen Flächen. Reichsmark 0·60
3. Baldus, Richard. Uber die singulären Punkte reeller Parameterkurven. Reichsmark 0·50

Jahrgang 1923.

1. Deecke, W. Mitteleuropäische Meeresströmungen der Vorzeit. Reichsmark 0·60
2. Liebmann, Heinrich. Die Lie'sche Cyklide und die Inversionskrümmung. Reichsmark 0·40
3. Perron, Oskar. Über Gleichungen ohne Affekt. Reichsmark 0·40
4. Liebmann, Heinrich. Beiträge zur Inversionsgeometrie III. Reichsmark 0·40
5. Kratzert, J. Beitrag zur Kenntnis des Andesins von Bodenmais. Reichsmark 0·50

Jahrgang 1924.

1. Th. Curtius und A. Bertho. Einwirkung von Stickstoffkohlenoxyd und von Stickwasserstoffsäure unter Druck auf aromatische Kohlenwasserstoffe. Reichsmark 0·50
2. Liebmann, Heinrich. Umkehrung des Variationsproblems der ebenen Affingeometrie. Reichsmark 0·60
3. Salomon, Wilhelm. Die Intensitäten alluvialer und diluvialer geologischer Vorgänge und ihre Einwirkung auf die pliocäne Rumpffläche des Kraichgaues und Odenwaldes. Reichsmark 1·20

[Fortsetzung siehe 3. Umschlagseite.]

*) Bestellungen auf solche Veröffentlichungen der math.-naturw. Klasse, welche früher im Verlag von Carl Winters Universitätsbuchhandlung in Heidelberg erschienen sind, nimmt auch der Verlag Walter de Gruyter & Co., Berlin, entgegen.

Sitzungsberichte
der Heidelberger Akademie der Wissenschaften
Stiftung Heinrich Lanz
Mathematisch-naturwissenschaftliche Klasse
Jahrgang 1927. 2. Abhandlung.

Rhombische Geradennetze im Raum

Von

Heinrich Liebmann
in Heidelberg.

Eingegangen am 28. Januar 1927

Berlin und Leipzig 1927
Walter de Gruyter & Co.
vormals G. J. Göschen'sche Verlagshandlung / J. Guttentag, Verlagsbuchhandlung / Georg Reimer / Karl J. Trübner / Veit & Comp.

Rhombische Geradennetze im Raum.

Die Bestimmung der rhombischen Geradennetze in der Ebene ist — eine schöne Weiterbildung der grundlegenden Arbeit von Herrn A. Voss — in mehreren Arbeiten der Herren O. Volk und O. Perron vollständig erledigt. Man weiß, daß diese Geradennetze mit den Strahlenbüscheln zweiter Klasse identisch sind.[1])

Der Beweis kann noch auf ganz anderem Wege durch eine einfachere und zugleich umfassendere Betrachtung geführt werden, die auch die Lösung einer entsprechenden Aufgabe für den R_n gibt. Dies soll hier dargelegt werden.

1. Die rhomboëdrischen Netze.

Das durch die Gleichungen

$$x = x(u, v, w), \; y = y(u, v, w), \; z = z(u, v, w)$$

gegebene Kurvennetz möge rhomboëdrisch heißen, wenn die Beziehungen bestehn

$$(1) \qquad \left(\frac{\partial x}{\partial u}\right)^2 + \left(\frac{\partial y}{\partial u}\right)^2 + \left(\frac{\partial z}{\partial u}\right)^2 = \left(\frac{\partial x}{\partial v}\right)^2 + \left(\frac{\partial y}{\partial v}\right)^2 + \left(\frac{\partial z}{\partial v}\right)^2 = \left(\frac{\partial x}{\partial w}\right)^2 + \left(\frac{\partial y}{\partial w}\right)^2 + \left(\frac{\partial z}{\partial w}\right)^2.$$

Wir werden es selbstverständlich auch dann noch rhomboëdrisch nennen, wenn die Parameter u, v, w erst „geeicht“ werden müssen, d. h. wenn an ihrer Stelle neue Parameter durch die Gleichungen

$$u = u(\bar{u}), \; v = v(\bar{v}), \; w = w(\bar{w})$$

eingeführt werden müßten, so daß dann erst

$$(1') \qquad \Sigma\left(\frac{\partial x}{\partial \bar{u}}\right)^2 = \Sigma\left(\frac{\partial x}{\partial \bar{v}}\right)^2 = \Sigma\left(\frac{\partial x}{\partial \bar{w}}\right)^2$$

wird.

---

[1]) Literaturangaben bei Otto Volk, Über geodätische rhombische Netze auf krummen Flächen usw. Diese Berichte 1925, 13. Abhandlung.

Während in der Ebene die angegebenen Geradennetze wirklich rhombisch sind, d. h. bei ihnen nach vorgenommener Eichung

$$\left(\frac{\partial x}{\partial \bar{u}}\right)^2+\left(\frac{\partial y}{\partial \bar{u}}\right)^2=\left(\frac{\partial x}{\partial \bar{v}}\right)^2+\left(\frac{\partial y}{\partial \bar{v}}\right)^2$$

wird, würde man im Raum das Feld der Untersuchungen durch die Forderung (1) oder (1′) sehr einschränken.

In der Ebene ist z. B. das aus zwei linearen Strahlbüscheln aufgebaute Netz

$$x : y : 1 = (a_1 u + a_2 v + a_0) : (b_1 u + b_2 v + b_0) : (c_1 u + c_2 v + c_0)$$

mit

$$(x_u^2+y_u^2):(x_v^2+y_v^2)=\left(\begin{vmatrix} a_1 & a_2 v + a_0 \\ c_1 & c_2 v + c_0 \end{vmatrix}^2+\begin{vmatrix} b_1 & b_2 v + b_0 \\ c_1 & c_2 v + c_0 \end{vmatrix}^2\right)$$

$$:\left(\begin{vmatrix} a_2 & a_1 u + a_0 \\ c_2 & c_1 u + c_0 \end{vmatrix}^2+\begin{vmatrix} b_2 & b_1 u + b_0 \\ c_2 & c_1 u + b_0 \end{vmatrix}^2\right) = A(v) : B(u)$$

rhombisch — die „Eichung“ wird durch die Quadraturen

$$\bar{u} = \int \frac{du}{\sqrt{B(u)}}, \quad \bar{v} = \int \frac{dv}{\sqrt{A(v)}}$$

geleistet — während im Raum schon das sehr einfache Netz

$$x : y : z : 1 = u : v : 1 : (u + v + w)$$

auf Werte führt:

$$\Sigma x_u^2 : \Sigma x_v^2 : \Sigma x_w^2 : 1 = ((v+w)^2 + v^2 + 1) : ((u+w)^2 + u^2 + 1)$$
$$: (u^2 + v^2 + 1) : (u + v + w)^4,$$

denen man sofort ansieht, daß das Netz nicht rhomboëdrisch ist.

Diese Feststellung gibt Anlaß, die Forderung (1) bez. (1′) zu ersetzen durch die weniger beschränkende

(2) $$\Sigma x_u^2 : \Sigma x_v^2 : \Sigma x_w^2 = A(v, w) : B(w, u) : C(u, v),$$

die folgende geometrische Bedeutung hat:

A u f j e d e r F l ä c h e j e d e r d e r d r e i S c h a r e n ($u =$ const., $v =$ const., $w =$ const.) s o l l e n d i e S p u r e n d e r b e i d e n a n d e r n F l ä c h e n s c h a r e n r h o m b i s c h e N e t z e b i l d e n.

Ein solches Netz möge d r e i f a c h r h o m b i s c h heißen.

2. Beispiele dreifach rhombischer Geradennetze.

Es kann leicht festgestellt werden, daß die durch

$$x : y : z : 1 = (a_1 u + a_2 v + a_3 w + a_0) : (b_1 u + b_2 v + b_3 w + b_0)$$
$$: (c_1 u + c_2 v + c_3 w + c_0) : (d_1 u + d_2 v + d_3 w + d_0)$$

gegebenen Netze, die sich aus linearen Strahlbündeln in einfachster Weise aufbauen, dreifach rhombisch sind.

Interessanter sind zwei weitere Beispiele.

Nimmt man

$$x = vw,\ y = wu,\ z = uv$$

so wird

$$dx^2 + dy^2 + dz^2 = du^2(v^2 + w^2) + dv^2(w^2 + u^2) + dw^2(u^2 + v^2) + \cdots.$$

Das Netz ist aufgebaut aus den Geraden dreier Scharen von hyperbolischen Paraboloïden und weist bereits auf die später abzuleitende allgemeinste Form der dreifach rhombischen Netze hin.

Sodann mögen die durch

$$x - yt + zt^2 - t^3 = 0$$

gegebenen Schmiegungsebenen einer speziellen Raumkurve dritter Ordnung betrachtet werden. Durch jeden Raumpunkt gehn drei Schmiegungsebenen ($t = u, v, w$), und es ist

$$x = uvw,\ y = uv + vw + wu,\ z = u + v + w,$$

also wird

$$dx^2 + dy^2 + dz^2 = du^2\{v^2w^2 + (v + w)^2 + 1\} + dv^2\{w^2u^2 + (w + u)^2 + 1\} + dw^2\{u^2v^2 + (u + v)^2 + 1\} + \cdots.$$

Also bilden die Schnittgeraden der drei durch einen Punkt gehenden Schmiegungsebenen dieser C_3 ein dreifach rhombisches System.

Diese beiden Beispiele mögen hier genügen.

Endlich mag als Vorbereitung auf die allgemeine Untersuchung hier darauf hingewiesen werden, daß auf jeder F_2 die beiden Gradenscharen ein rhombisches Netz bilden. Dies folgt aus der Parameterdarstellung

$$(3)\qquad x : y : z : 1 = (a_{12}uv + a_1u + a_2v + a_0) : (b_{12}uv + b_1u + b_2v + b_0) : (c_{12}uv + c_1u + c_2v + c_0) : (d_{12}uv + d_1u + d_2v + d_0),$$

in der die Parameterkurven die Geraden sind, durch elementare Rechnung.

Um in zwei einfachen Fällen auch die Eichung vorzunehmen, wollen wir hyperbolisches Paraboloïd und Rotationshyperboloïd heranziehen.

Beim Paraboloïd

$$z = xy \text{ oder } x = u,\ y = v,\ z = uv,$$
$$dx^2 + dy^2 + dz^2 = (udv + vdu)^2 + du^2 + dv^2$$

muß man so eichen:

$$d\bar{u} = \frac{du}{\sqrt{1 + u^2}},\quad d\bar{v} = \frac{dv}{\sqrt{1 + v^2}}$$

erhält also, wenn man die Normalparameter mit u, v (ohne Strich) bezeichnet, die Darstellung

$$x = shu,\ y = shv,\ z = shu \cdot shv$$
$$dx^2 + dy^2 + dz^2 = ch^2u\, ch^2v\,(du^2 + dv^2 + 2\, thu\, thv\, du\, dv).$$

Beim Hyperboloïd

$$x^2 + y^2 - k^2 z^2 = a^2$$

wird die richtige Darstellung sein

$$x : y : z : 1 = \cos(v+u) : \sin(v+u) : k^{-1} \sin(v-u) : \cos(v-u) \cdot a^{-1},$$

wie dies die Formel für das Bogenelement zeigt, nämlich

$$ds^2 = \frac{a^2}{\cos^4(u-v)} \left((du^2 + dv^2)\left(1 + \frac{1}{k^2}\right) + 2\,du\,dv\left(\cos(2v - 2u) - \frac{1}{k^2}\right) \right).$$

Hier sind die Parameter leicht zu deuten, es sind nämlich $2u$ und $2v$ die Winkel, welche die Radii vectores der Spuren der beiden durch einen Punkt der Fläche gehenden Erzeugenden auf dem Kehlkreis mit der x-achse bilden.

In beiden Fällen, Paraboloïd und Hyperboloïd, erhält man übrigens noch sehr leicht dreifach rhombische Netze besonderer Art, die wir als „halb rhomboëdrisch“ bezeichnen können, und das soll gleich allgemein für (3) gezeigt werden.

Ersetzt man (3) durch

$$x : y : z : 1 = w(a_{12}uv + a_1 u + a_2 v + a_0) : w(b_{12}uv + b_1 u + b_2 v + b_0)$$
$$: w(c_{12}uv + c_1 u + c_2 v + c_0) : (d_{12}uv + d_1 u + d_2 v + d_0),$$

so wird wieder

$$\Sigma x_u^2 : \Sigma x_v^2 = A(v) : B(u),$$

also wird die „Eichung“ auf den Flächen $w = c$ unabhängig von w.

Wie erhält man die allgemeinsten „halbrhomboëdrischen“ Netze? —

Noch eine andere Frage taucht auf: Bekanntlich gibt es nur auf LIOUVILLEschen Flächen aus geodätischen Linien gebildete rhombische Netze, als klassisches Beispiel hierfür sind ja gerade die Erzeugenden einer F_2 anzusehen.

Unsere Beispiele zeigen, was sich auch leicht allgemein beweisen läßt, daß auf den F_2 die Diagonalkurven

$$u + v = c_1, \text{ bez. } u - v = c_2$$

dieses rhombischen Netzes die Krümmungslinien sind. Und so gelangt man zu der Frage: Wie verhalten sich überhaupt auf LIOUVILLEschen Flächen geodätisch-rhombische Netze und Krümmungslinien? Schärfer gefaßt: Wann sind die Diagonalkurven dieser Netze „virtuelle Krümmungslinien“, d. h. wann kann die Fläche so „in den R_3 eingebettet werden“, daß die Diagonalkurven eines geodätisch-rhombischen Netzes Krümmungslinien werden?

3. Bestimmung aller dreifach rhombischen Geradennetze.

Von den Parametern u, v, w wird zweierlei verlangt:

Es soll gelten

$$\Sigma x_1^2 : \Sigma x_2^2 : \Sigma x_3^2 = A(w, v) : B(u, w) : C(v, u)$$

wobei die Fußmarken die Differentiationen nach u, v und w bedeuten, also muß gelten

$$(4) \qquad \frac{\partial^2 \lg}{\partial u \partial v}(\Sigma x_1^2 : \Sigma x_2^2) = 0, \frac{\partial^2 \lg}{\partial u \partial w}(\Sigma x_2 : \Sigma x_3^2) = 0, \frac{\partial^2 \lg}{\partial w \partial u}(\Sigma x_3^2 : \Sigma x_1^2) = 0.$$

Außerdem sollen die Kurven Gerade sein, daher

$$x_{11} = \lambda x_1, \quad y_{11} = \lambda y_1, \quad z_{11} = \lambda z_1,$$
$$x_{22} = \mu x_2, \quad y_{22} = \mu y_2, \quad z_{22} = \mu z_2,$$
$$x_{33} = \nu x_3, \quad y_{33} = \nu y_3, \quad z_{33} = \nu z_3.$$

Hieraus kann die Darstellung der Netze unschwer gewonnen werden.

Man erhält aus

$$\frac{1}{2}\frac{\partial}{\partial u}\Sigma x_1^2 = \Sigma x_1 x_{11} = \lambda \Sigma x_1^2, \quad \frac{\partial \lg}{\partial u}(\Sigma x_1^2) = 2\lambda,$$
$$\frac{1}{2}\frac{\partial}{\partial v}\Sigma x_2^2 = \Sigma x_2 x_{22} = \mu \Sigma x_2^2, \quad \frac{\partial \lg}{\partial v}(\Sigma x_2^2) = 2\mu,$$
$$\frac{1}{2}\frac{\partial}{\partial w}\Sigma x_3^2 = \Sigma x_3 x_{33} = \nu \Sigma x_3^2, \quad \frac{\partial \lg}{\partial w}(\Sigma x_3^2) = 2\nu,$$

in Verbindung mit (4)

$$\lambda_2 - \mu_1 = 0, \quad \mu_3 - \nu_2 = 0, \quad \nu_1 - \lambda_3 = 0,$$

oder

$$\lambda = F_1 = \frac{\partial F}{\partial u}, \quad \mu = F_2 = \frac{\partial F}{\partial v}, \quad \nu = F_3 = \frac{\partial F}{\partial w},$$

also

$$x_{11} = F_1 x_1, \quad x_{22} = F_2 x_2, \quad x_{33} = F_3 x_3$$

und ebenso für y und z.

Jetzt berechnet man weiter

$$x_{112} = F_{12} x_1 + F_1 x_{12}, \quad x_{221} = F_{21} x_2 + F_2 x_{12},$$
$$x_{1122} = F_{112} x_1 + 2 F_{12} x_{12} + F_1 (F_{21} x_2 + F_2 x_{12}),$$
$$x_{2211} = F_{211} x_2 + 2 F_{12} x_{12} + F_2 (F_{12} x_1 + F_1 x_{12}),$$

woraus die Forderung entsteht (für x, aber auch y und z)

$$(F_{112} - F_1 F_{12}) x_3 = (F_{122} - F_2 F_{12}) x_1.$$

Da x und y, z unabhängige Funktionen sein sollen, so gelangt man zu

$$(5) \qquad \begin{aligned} F_{122} - F_1 F_{12} &= 0, \\ F_{223} - F_2 F_{23} &= 0, \\ F_{331} - F_3 F_{31} &= 0. \end{aligned}$$

Daraus aber ergeben sich wieder für die Koordinaten charakteristische partielle Differentialgleichungen. Es wird

$$\frac{x_{111}}{x_1} = \frac{F_{11}x_1 + F_1 x_{11}}{x_1} = F_{11} + F_1^2,$$

daher

$$\frac{2x_{111}}{x_1} - \frac{3x_{11}}{x_1^2} = 2F_{11} - F_1^2$$

und

$$(6) \qquad \begin{cases} \dfrac{\partial}{\partial v}\left(\dfrac{2x_{111}}{x_1} - \dfrac{3x_{11}}{x_1^2}\right) = 2F_{112} - 2F_1F_{12} = 0, \\ \dfrac{\partial}{\partial w}\left(\dfrac{2x_{111}}{x_1} - \dfrac{3x_{11}}{x_1^2}\right) = 2F_{113} - 2F_1F_{13} = 0, \end{cases}$$

nebst den entsprechenden.

Wäre

$$2x_{111}x_1 - 3x_1^2 = 2x_{222}x_2 - 3x_2^2 = 2x_{333}x_3 - 3x_3^2 = 0,$$

so würde daraus folgen, daß x eine trilinear gebrochene Funktion von u, v und w ist. Wir wollen zeigen, daß unsere Gleichungen (6) lehren, daß nach Einführung geeigneter Parameter diese Normaldarstellung sich ergibt.

Bezeichnet man die Differentiation nach den „Normalparametern" durch Überstreichung von x, y, z, dagegen bei $u(\bar{u})$, $v(\bar{v})$, $w(\bar{w})$ durch Akzent, so ist

$$\begin{aligned} \bar{x}_1 &= x_1 u' \\ \bar{x}_{11} &= x_1 u'' + x_{11}(u')^2 \\ \bar{x}_{111} &= x_1 u''' + 3x_{11}u'u'' + x_{111}(u')^3, \end{aligned}$$

$$2\bar{x}_{111}\bar{x}_1 - 3\bar{x}_{11}^2 = x_1^2(2u'u''' - 3(u'')^2) + (2x_1x_{111} - 3x_{11}^2)(u')^4.$$

Soll sodann

$$2\bar{x}_{111}\bar{x}_1 - 3\bar{x}_{11}^2 = 0$$

sein, so ist dafür notwendig und hinreichend, daß

$$\frac{2x_{111}x_1 - 3x_{11}^2}{x_1^2}$$

von u allein abhängt, also von v und w unabhängig ist. Diese Bedingung ist aber nach (6) erfüllt, und somit erkennen wir:

x, y und z werden trilinear gebrochene Funktionen der Parameter u, v, w (wir lassen den Strich jetzt fort).

Diese drei Funktionen haben auch denselben Nenner; denn wäre etwa

$$x = X : N, \; y = Y : M$$

so würde dann weiter folgen

$$x_1 = \frac{NX_1 - X_1N}{N^2},$$

worin der Zähler von u frei ist, und

$$\frac{x_{11}}{x_1} = -\frac{2N_1}{N} = \frac{y_{11}}{y_1} = -\frac{2M_1}{M} = \lambda$$

oder

$$\lg N = \lg M + \varphi(v, w),$$

ebenso

$$\lg N = \lg M + \chi(w, u),$$
$$\lg N = \lg M + \psi(u, v),$$

also können sich M und N voneinander nur um einen konstanten Faktor unterscheiden, der auch in die Zähler X und Y eingerechnet werden kann.

Also folgt:

J e d e s d r e i f a c h r h o m b i s c h e G e r a d e n n e t z d e s R_3 l ä ß t s i c h d a r s t e l l e n d u r c h d i e G l e i c h u n g e n

$$x : y : z : 1 = X : Y : Z : N$$

$$(7)\quad \begin{cases} X = a_{123}uvw + a_{12}uv + a_{23}vw + a_{31}wu + a_1u + a_2v + a_3w + a_0, \\ Y = b_{123}uvw + b_{12}uv + b_{23}vw + b_{31}wu + b_1u + b_2v + b_3w + b_0, \\ Z = c_{123}uvw + c_{12}uv + c_{23}vw + c_{31}wu + c_1u + c_2v + c_3w + c_0, \\ N = d_{123}uvw + d_{12}uv + d_{23}vw + d_{31}wu + d_1u + d_2v + d_3w + d_0. \end{cases}$$

Daß diese als notwendig erkannte Bedingung in der Tat auch hinreicht, erkennt man sofort daraus, daß

$$X_1N - N_1X,\quad Y_1N - N_1Y,\quad Z_1N - N_1Z$$

nur von v und w abhängen, also

$$\Sigma x_1{}^2 = \frac{A(v, w)}{N^4}$$

wird usw.

Im übrigen kann man, wie schon zu Anfang bemerkt wurde, den Satz leicht auf den R_n verallgemeinern, und er erhält dann die Fassung:

Sollen die Gleichungen

$$x_\nu = x_\nu(u_1, u_2 \cdots u_n) \qquad \nu = 1, 2 \cdots n$$

die beiden Bedingungen erfüllen, daß die Parameterkurven

$$u_1 = c_1\ u_2 = c_2 \cdots u_{\nu-1} = c_{\nu-1},\ u_{\nu+1} = c_{\nu+1} \cdots u_n = c_n\ (\nu = 1, 2 \cdots n)$$

sämtlich Gerade sind, und daß außerdem gilt

$$\Sigma\left(\frac{\partial x_\nu}{\partial u_1}\right)^2 : \Sigma\left(\frac{\partial x_\nu}{\partial u_2}\right)^2 \cdots : \Sigma\left(\frac{\partial x_\nu}{\partial u_n}\right)^2 = A_1(u_2, u_3 \cdots u_n) : A_2(u_1, u_3 \cdots u_n)$$
$$: A_n(u_1, u_2, \cdots u_{n-1}),$$

so werden die x nach Einführung geeigneter Parameter sich darstellen lassen als linear gebrochene Funktionen (linear in jedem einzelnen u, also n-linear in allen u!) der $u_1, u_2 \cdots u_n$. Diese Bedingung ist notwendig und hinreichend. —

Hiermit ist die allgemeine Untersuchung abgeschlossen, die Fälle $n=2$ und $n=3$, also die rhombischen Geradennetze der Ebene und die rhomboëdrischen Geradennetze des Raumes werden jetzt noch geometrisch weiter diskutiert.

4. Der Fall $n = 2$.

Durch elementare Integration, die im Grunde genommen nur auf die triviale Differentialgleichung

$$2x'''x' - 3(x')^2 = 0$$

mit der bekannten Lösung

$$x = \frac{au + b}{cu + d}$$

anzuwenden war, wurden in Nr. 3 nebenbei auch die rhombischen Geradennetze der Ebene bestimmt; sie sind gegeben durch

$$\begin{aligned} x:y:1 = (a_{12}uv + a_1u + a_2v + a_0):(b_{12}uv + b_1u + b_2v + b_0) \\ :(c_{12}uv + c_2u + c_0 + c_0). \end{aligned}$$

Was diese Gleichungen darstellen, braucht nicht mehr untersucht zu werden, da wir das Ergebnis ja kennen; es ließe sich ja auch sehr leicht von neuem feststellen (Geraden zweier linearer Büschel oder Tangenten eines Kegelschnittes).

Nur auf einen Umstand mag bei dieser Gelegenheit noch hingewiesen werden, nämlich den Satz, daß die Hüllkurven beider Scharen von Parameterkurven durch dieselbe Gleichung

$$\frac{\partial x}{\partial u}\frac{\partial y}{\partial v} - \frac{\partial y}{\partial u}\frac{\partial x}{\partial v} = 0$$

bestimmt werden, also zusammenfallen. Dieser bekannte Satz tritt gerade hier, wo ja Hüllkurven von Geraden gesucht werden, in sein volles Recht, da gerade Linien keine Spitzen, Doppelpunkte usw. haben, die sonst die Enveloppentheorie störend belasten.

Vielleicht ist ein ganz anderes einfach gewähltes Beispiel zu dem Satz nicht unangebracht, das wir kurz besprechen wollen.

Die Gleichungen

$$\begin{aligned} x &= a(u) + u \cos v \\ y &= b(u) + u \sin v \end{aligned}$$

geben bei konstantem u eine Schar von Kreisen mit konstantem Radius, bei konstantem v die Endpunkte paralleler Radien, derber ausgedrückt, gleiche Zeigerstellungen. Man überzeuge sich durch Zeichnung, daß beide Kurvenscharen dieselbe Hüllkurve besitzen!

An dieser Stelle mag noch die (bei allen konformen Transformationen invariante) Bedingung dafür angegeben werden, daß zwei Kurvenscharen miteinander ein rhombisches Netz bilden, und zwar wird verlangt, daß die Bedingung nur geometrische Größen enthält.

Die erste Kurvenschar

$$dv = 0$$

möge durch $P(x, y)$ eine Kurve der Richtung φ senden, das Bogenelement sei mit ds_1, die Normale mit n_1 bezeichnet; dann ist also

$$\frac{\partial f}{\partial s_1} = \cos\varphi \frac{\partial f}{\partial x} + \sin\varphi \frac{\partial f}{\partial y},$$

$$\frac{\partial f}{\partial n_1} = -\sin\varphi \frac{\partial f}{\partial x} + \cos\varphi \frac{\partial f}{\partial y}.$$

Bei der zweiten Kurvenschar

$$du = 0$$

tritt an die Stelle dieser Stücke ψ, ds_2, n_2. Ferner sei $\omega = \psi - \varphi$.

Die Bedingung wird dann:

$$(8) \qquad \frac{\partial^2\varphi}{\partial n_1^2} + \frac{\partial^2\varphi}{\partial s_1^2} + \frac{\partial^2\psi}{\partial n_2^2} + \frac{\partial^2\psi}{\partial s_2^2} + \frac{1}{\sin\omega}\left(\frac{\partial\varphi}{\partial n_1}\frac{\partial\varphi}{\partial n_2} - \frac{\partial\psi}{\partial n_1}\frac{\partial\psi}{\partial n_2}\right)$$

$$+ \frac{\partial}{\partial s_1}\left(\frac{1}{\sin\omega}\frac{\partial\varphi}{\partial n_2}\right) - \frac{\partial}{\partial s_2}\left(\frac{1}{\sin\omega}\frac{\partial\psi}{\partial n_1}\right) = 0.$$

Ist $\omega = \frac{\pi}{2}$, so bleibt die bekannte Bedingung dafür, daß die Kurvenschar $dv = 0$ mit ihren Orthogonalkurven ein isothermes Netz bildet. In der durch Spezialisierung von (8) entstehenden Form

$$(8') \qquad \frac{\partial^2\varphi}{\partial n^2} + \frac{\partial^2\varphi}{\partial s^2} = 0$$

ist sie anschaulicher als in der bekannteren Form

$$\frac{\partial^2\varphi}{\partial x^2} + \frac{\partial^2\varphi}{\partial y^2} = 0.$$

5. **Der Fall $n = 3$.**

Das allgemeinste dreifach rhombische Netz von Geraden im Raum ist nach Nr. 3 gegeben durch

$$x : y : z : 1 = X : Y : Z : N,$$

wobei gesetzt ist:

$$\begin{aligned}X &= a_{123}uvw + a_{12}uv + a_{23}vw + a_{31}wu + a_1u + a_2v + a_3w + a_0,\\ Y &= b_{123}uvw + b_{12}uv + b_{23}vw + b_{31}wu + b_1u + b_2v + b_3w + b_0,\\ Z &= c_{123}uvw + c_{12}uv + c_{23}vw + c_{31}wu + c_1u + c_2v + c_3w + c_0,\\ N &= d_{123}uvw + d_{12}uv + d_{23}vw + d_{31}wu + d_2u + d_2v + d_3w + d_0.\end{aligned}$$

Wie baut sich dieses System auf? Das wird durch folgende Konstruktion geleistet: Man geht von zwei beliebigen Flächen zweiten Grades mit reellen Geraden aus und ordnet die Geraden einander linear zu. Das kann in der Weise geschehen, daß man die Parameterwerte entsprechender Geraden (u, v) geradezu einander gleich setzt. Hiermit ist auch jedem Punkt P_1 der ersten Fläche ein Punkt P_2 der zweiten Fläche eindeutig zugeordnet.

Sodann verbindet man alle entsprechenden Punktepaare durch gerade Linien, wobei jede Gerade $v = v_0$ der entsprechenden Geraden $v = v_0$ projektiv zugeordnet wird. Die Verbindungsgeraden entsprechender Punkte (P_1, P_2) geben die Fläche $v = v_0$. Genau so findet man alle Flächen $u = u_0$. Die beiden zum Aufbau des Netzes verwendeten Flächen gehören der w-Schar an, und die weiteren Flächen der Schar werden so gefunden: Man wählt auf einer Geraden P_1P_2 irgendeinen Punkt P, durch ihn gehn zwei Flächen $u = c_1$, $v = c_2$ der beiden bereits gefundenen Scharen, und sowohl die Fläche $u = c_1$ wie die Fläche $v = c_2$ senden durch P noch je eine Gerade; diese beiden Geraden gehören der durch P gehenden Fläche $w = c_3$ an.

Man darf sich durch diesen einfachen Aufbau nicht zu der Annahme verleiten lassen, daß durch jeden Raumpunkt nur e i n e Gerade jeder der drei Scharen geht. Das gilt ja schon bei folgendem sehr einfachen System nicht mehr:

$$x = \frac{a_{12}uv + a_1u + a_2v + a_0}{d_{12}uv + d_1u + d_2v + d_0},$$

$$y = \frac{b_{12}uv + b_1u + b_2v + b_0}{d_{12}uv + d_1u + d_2v + d_0},$$

$$z = \frac{c_{12}uv + c_1u + c_2v + c_0}{d_{12}uv + d_1u + d_2v + d_0} + w.$$

Hier sind die Verbindungslinien zugeordneter Punkte der Flächen $w = c_3$ zueinander parallel, die Flächen $u = c_1$, $v = c_2$ sind Ebenen, und durch P können je z w e i Geraden jeder der beiden Scharen $(u = c_1, w = c_3)$ und $(v = c_2, w = c_3)$ gehn. —

Es ist ganz belehrend, zu sehn, wie die Sekanten der Schmiegungsebenen der Raumkurven dritter Ordnung sich einfügen. Wir haben dieses Beispiel in einem Spezialfall behandelt (Nr. 2) und kommen jetzt darauf zurück.

Auf jeder Schmiegungsebene umhüllen die Spuren der andern Schmiegungsebenen eine C_2, die bisher beim Aufbau benützten F_2 mit ihren Erzeugenden entarten hier also in Kegelschnitte mit ihren Tangenten. Vielleicht ist dies, von trivialen Fällen abgesehen, der einzige Fall, in dem durch einen Raumpunkt nicht mehr als eine Gerade jeder der drei Scharen geht.

Zum Schluß wollen wir diesen Fall etwas ausführlicher behandeln.

Die Gleichung

$$A(t)x+B(t)y+C(t)z+D(t)=0, \tag{9}$$

worin zu setzen ist:

$$\begin{aligned} A(t)&=a_0+a_1t+a_2t^2+a_3t^3,\\ B(t)&=b_0+b_1t+b_2t^2+b_3t^3,\\ C(t)&=c_0+c_1t+c_2t^2+c_3t^3,\\ D(t)&=d_0+d_1t+d_2t^2+d_3t^3, \end{aligned}$$

ordnet jedem Punkt drei Ebenen zu. Bezeichnet man die Wurzeln der Gleichung (9) mit u, v, w, so bleibt die Aufgabe

$$\Sigma x_1^2,\ \Sigma x_2^2,\ \Sigma x_3^2$$

zu berechnen und den dreifach rhombischen Charakter des Geradennetzes zu erkennen, wobei selbstverständlich die Auflösung von Gleichungen dritten Grades zu vermeiden ist.

u, v, w sind zu bestimmen aus:

$$\begin{aligned} A(u)x+B(u)y+C(u)z+D(u)&=0,\\ A(v)x+B(v)y+C(v)z+D(v)&=0,\\ A(w)x+B(w)y+C(w)z+D(w)&=0, \end{aligned}$$

oder vielmehr: Durch diese drei Gleichungen werden x, y, z als Funktionen von u, v, w bestimmt. Man erhält demnach durch Differentiation nach u:

$$\left.\begin{matrix} A(u)x_1+B(u)y_1+C(u)z_1\\ A(v)x_1+B(v)y_1+C(v)z_1\\ A(w)x_1+B(w)y_1+C(w)z_1 \end{matrix}\right\}+A'(u)x+B'(u)y+C'(u)z+D'(u)=0$$

und hieraus

$$x_1^2+y_1^2+z_1^2=\frac{(A'(u)x+B'(u)y+C'(u)z+D'(u))^2}{\begin{vmatrix} A(u) & B(u) & C(u)\\ A(v) & B(v) & C(v)\\ A(w) & B(w) & C(w) \end{vmatrix}^4}\cdot\Sigma(B(v)C(w)-C(v)B(w))^2.$$

Hierin ist noch zu berechnen

$$A'(u)x + B'(u)y + C'(u)z + D'(u)$$

und dies ist die Determinante

$$\begin{vmatrix} A'(u) & B'(u) & C'(u) & D'(u) \\ A(u) & B(u) & C(u) & D(u) \\ A(v) & B(v) & C(v) & D(v) \\ A(w) & B(w) & C(w) & D(w) \end{vmatrix},$$

und gleich dem Differentialquotienten der Determinante

$$\Delta = \begin{vmatrix} A(t) & B(t) & C(t) & D(t) \\ A(u) & B(u) & C(u) & D(u) \\ A(v) & B(v) & C(v) & D(v) \\ A(w) & B(w) & C(w) & D(w) \end{vmatrix}$$

nach t, wenn darin nachträglich $t = u$ gesetzt wird. Es ist aber

$$\Delta = \begin{vmatrix} a_0 & a_1 & a_2 & a_3 \\ b_0 & b_1 & b_2 & b_3 \\ c_0 & c_1 & c_2 & c_3 \\ d_0 & d_1 & d_2 & d_3 \end{vmatrix} \cdot (t-u)(t-v)(t-w)(u-v)(u-w)(v-w),$$

also

$$\left(\frac{\partial \Delta}{\partial t}\right)_{t=u} = (u-v)^2 (u-w)^2 (v-w) \cdot \begin{vmatrix} a_0 & a_1 & a_2 & a_3 \\ b_0 & b_1 & b_2 & b_3 \\ c_0 & c_1 & c_2 & c_3 \\ d_0 & d_1 & d_2 & d_3 \end{vmatrix},$$

oder, wenn man die vierreihige Determinante mit Γ bezeichnet,

$$\left(\frac{\partial \Delta}{\partial t}\right)_{t=u} = \Gamma \frac{(u-v)^2 (u-w)^2 (v-w)^2}{v-w}.$$

Ebenso erhält

$$x_2^2 + y_2^2 + z_2^2$$

den Faktor

$$\left(\left(\frac{\partial \Delta}{\partial t}\right)_{t=v}\right)^2$$

und entsprechend $x_3^2 + y_3^2 + z_3^2$, es erhalten also

$$\Sigma x_1^2, \ \Sigma x_2^2, \ \Sigma x_3^2$$

den gemeinsamen Faktor

$$\frac{\Gamma (u-v)^4 (v-w)^4 (w-u)^4}{\begin{vmatrix} A(u) & B(u) & C(u) \\ A(v) & B(v) & C(v) \\ A(w) & B(w) & C(w) \end{vmatrix}^4},$$

wobei der Nenner noch durch

$$(u-v)^4\,(v-w)^4\,(w-u)^4$$

teilbar ist, so daß die Binome durch Kürzung fortfallen.

Dazu kommt bei Σx_1^2 noch der Faktor

$$\left\{\begin{vmatrix} B(v) & C(v) \\ B(w) & C(w) \end{vmatrix}^2 + \begin{vmatrix} C(v) & A(v) \\ C(w) & A(w) \end{vmatrix}^2 + \begin{vmatrix} A(v) & B(v) \\ A(w) & B(w) \end{vmatrix}^2\right\} \cdot \frac{1}{(v-w)^2},$$

und hier läßt sich $(v-w)^2$ fortheben.

So verwandeln sich die Quadratsummen

$$\Sigma x_1^2,\ \Sigma x_2^2,\ \Sigma x_3^2$$

schließlich in Ausdrücke, die von den Binomen

$$u-v,\ v-w,\ w-u$$

befreit sind, und man erkennt, daß in der Tat die Quadratsummen sich verhalten wie drei Funktionen, die von u, bez. von v und endlich von w frei sind, die überdies für den Fall, daß zwei der drei Parameter einander gleich werden, nicht mehr die unbestimmte Form $(0:0)$ erhalten.

Mit dieser Berechnung schließen wir ab. Die Kernfrage — Bestimmung aller dreifach rhombischen Geradennetze — ist schon in Nr. 3 beantwortet; daß außer den hier behandelten Einzelfragen noch manche andere angeknüpft werden kann, wurde in unserer Darlegung mehrfach hervorgehoben.

4. HEFFTER, L. Zur absoluten Geometrie. Reichsmark 0·60
5. VAN WERVEKE, L. Über die Entstehung der lothringischen Lehme und des mittelrheinischen Lößes. Reichsmark 1·50
6. KRULL, WOLFGANG. Die verschiedenen Arten der Hauptidealringe. Reichsmark 0·50
7. ROESER, ERNST. Übergang von der nichteuklidischen Streckentrigonometrie zur Winkelmessung. Reichsmark 0·30
8. WELLSTEIN, JULIUS. Zur Differentialgeometrie der isotropen Kurven. Reichsmark 1·50
9. EWALD, RUDOLF. Die geodynamischen Erscheinungen des krystallinen Odenwaldes als Beispiel einer geoisostatischen Ausgleichsschwingung. Reichsmark 1·50
10. VOELCKER, ILSE. Über eine ganz junge Verwerfung bei Rauenberg im Kraichgau. Reichsmark 0·30
11. LIEBMANN, HEINRICH. Die Aufschließung von Differentialinvarianten Reichsmark 0·50

Abteilung B. Biologische Wissenschaften.

Jahrgang 1923.

1. KOSSEL, A. und R. E. GROSS. Über die Darstellung und quantitative Bestimmung des Arginins. Reichsmark 0·30

Von Jahrgang 1925 ab findet die Trennung in Abteilung A und B nicht mehr statt.

Jahrgang 1925.

1. HEFFTER, LOTHAR. Zur absoluten Geometrie II. Reichsmark 0·50
2. ROESER, ERNST. Die komplementären Figuren der nichteuklidischen Ebene. Reichsmark 0·50
3. FLADT, KUNO. Neuer Beweis für die Zuordnung von rechtwinkligem Dreieck und Spitzeck in der hyperbolischen Elementargeometrie. Reichsmark 0·30
4. SALOMON, WILHELM. Beobachtungen über Harnische. Reichsmark 0·70
5. LOEWY, A. Beiträge zur Algebra. 1—4. Reichsmark 1·—
6. HELLPACH, WILLY. 2. Mitteilung zur Physiognomik der deutschen Volksstämme. Reichsmark 0·30
7. LOEWY, ALFRED. Neue elementare Begründung und Erweiterung der Galoisschen Theorie. Reichsmark 2·—
8. CURTIUS, THEODOR und BERTHO, ALFRED. Einwirkung von Stickstoffkohlenoxyd und von Stickstoffwasserstoffsäure unter Druck auf aromatische Kohlenwasserstoffe. Reichsmark 0·40
9. ROESER, ERNST. Die gnomonische Projektion in der hyperbolischen Geometrie. Reichsmark 0·70
10. RASCH, G. Über die Ausnützung der Gezeiten des Meeres zur Energiegewinnung. Reichsmark 0·80
11. SALOMON, WILHELM. Magmatische Hebungen. Reichsmark 1·20
12. PÜTTER, A. Altersbestimmungen an Drachenbäumen von Tenerife. Reichsmark 0·90
13. VOLK, OTTO. Über geodätische rhombische Kurvennetze auf krummen Flächen, insbesondere auf Flächen konstanter Krümmung. Reichsmark 1·10
14. ROESER, ERNST. Die Fundamentalkonstruktion der hyperbolischen Geometrie. Reichsmark 1·40

15. RÜGER, L. und RÜGER-HAAS, P. Palaeosemaeostoma geryonides v. Huene sp., eine sessile Meduse aus dem Dogger von Wehingen in Württemberg und Medusina liasica nov. sp., eine Coronatenähnliche Meduse aus dem mittleren Lias von Hechingen in Württemberg. Reichsmark 1·50

Jahrgang 1926.

1. KRULL, WOLFGANG. Theorie und Anwendung der verallgemeinerten Abelschen Gruppen. Reichsmark 1·70
2. KLEBS, GEORG. Über periodisch wachsende tropische Baumarten. Reichsmark 1·20
3. MÜLLER, MAX. Über die Oberfläche von Flächenstücken. Reichsmark 1·20
4. ERNST, MAX. Über Anlagen von Organen, die nicht zur Ausbildung gelangen. Reichsmark 0·50
5. ERNST, EMIL. Die optischen Eigenschaften des Andesins von Bodenmais. Reichsmark 1·10
6. LIEPMANN, WILHELM. Leichengeburt bei Ichthyosauriern. Reichsmark 0·90
7. KLEBS, GEORG. Über die Längenperiode der Internodien. Reichsmark 2·40
8. JOST, L. und v. UBISCH, G. Zur Windefrage. Reichsmark 0·80
9. SALOMON, WILHELM. Gibt es Gesteine, die für bestimmte Erdperioden charakteristisch sind? Reichsmark 0·30
10. ROESER, ERNST. Der reelle Übergang zwischen den beiden nichteuklidischen Geometrien und ihrem Parallelenbegriff. Reichsmark 1·20
11. SALOMON, WILHELM. Kugelförmige Absonderung. Reichsmark 0·80
12. SALOMON, WILHELM. Felsenmeere und Blockstreuungen. Reichsmark 0·80
13. SALOMON, WILHELM. Die Gruppendefinitionen in der Paläontologie. Reichsmark 0·90

Jahrgang 1927.

1. LOEWY, ALFRED. Neue elementare Begründung und Erweiterung der Galoisschen Theorie. Reichsmark 1·60
2. LIEBMANN, HEINRICH. Rhombische Geradennetze im Raum. Reichsmark 1·—

Abhandlungen der Heidelberger Akademie der Wissenschaften

Mathematisch-naturwissenschaftliche Klasse

Abteilung A

12. MOHR, ERNST. Über den Zusammenhang zwischen der Struktur und den morphologischen Merkmalen des Diamanten. 1924. Reichsmark 3·50

Druck: Hermann Böhlaus Nachfolger Hof-Buchdruckerei G. m. b. H. Weimar.

Zeitfracht Medien GmbH
Ferdinand-Jühlke-Straße 7
99095 Erfurt, Deutschland
produktsicherheit@kolibri360.de